Ítalo Armando Pilay Ponce

Modelo de turismo rural sustentável

Ítalo Armando Pilay Ponce

Modelo de turismo rural sustentável

Como iniciativa turística da paróquia de Puerto Cayo, no cantão de Jipijapa, província de Manabí-Equador.

ScienciaScripts

Imprint

Any brand names and product names mentioned in this book are subject to trademark, brand or patent protection and are trademarks or registered trademarks of their respective holders. The use of brand names, product names, common names, trade names, product descriptions etc. even without a particular marking in this work is in no way to be construed to mean that such names may be regarded as unrestricted in respect of trademark and brand protection legislation and could thus be used by anyone.

Cover image: www.ingimage.com

This book is a translation from the original published under ISBN 978-613-9-41074-3.

Publisher:
Sciencia Scripts
is a trademark of
Dodo Books Indian Ocean Ltd. and OmniScriptum S.R.L publishing group

120 High Road, East Finchley, London, N2 9ED, United Kingdom
Str. Armeneasca 28/1, office 1, Chisinau MD-2012, Republic of Moldova, Europe
Printed at: see last page
ISBN: 978-620-7-95823-8

MODELO DE TURISMO RURAL SUSTENTÁVEL COMO INICIATIVA TURÍSTICA NA PARÓQUIA DE PUERTO CAYO, CANTÃO DE JIPIJAPA, PROVÍNCIA DE MANABÍ-ECUADOR

APRESENTAÇÃO

O turismo rural sustentável é uma das modalidades mais procuradas pelo turista na atualidade, devido às actividades que nele se desenvolvem e, sobretudo, às experiências que se obtêm através da sua realização. No caso de estudo, a paróquia rural de Puerto Cayo possui vários atractivos turísticos que podem ser explorados de forma sustentável através desta modalidade.

É por isso que esta proposta de investigação visa promover o turismo rural sustentável como modalidade turística complementar aplicável na localidade, obtendo assim um aproveitamento sustentável ótimo do potencial turístico da freguesia. Da mesma forma, procura-se promover o desenvolvimento do turismo na zona através da criação de produtos, actividades e outras propostas de turismo rural sustentável que se enquadrem de forma estruturada no plano de ação apresentado. Desta forma, será possível criar emprego, melhorar a situação económica, preservar os recursos e promover o cuidado do meio natural.

Finalmente, é importante mencionar que a implementação deste tipo de turismo aumentará o nível de investimento na freguesia, gerando novas fontes de emprego e uma grande variedade de produtos e serviços para oferecer. Além disso, ajudará a reduzir a sazonalidade da procura na freguesia rural de Puerto Cayo.

OBRIGADO

Agradeço acima de tudo ao nosso criador e arquiteto do universo, Deus, por me ter dotado de saúde, sabedoria e inteligência para poder realizar esta investigação, que fiz com grande prazer para o bem da comunidade em geral. Às autoridades da Universidad Estatal del Sur de Manabí, Faculdade de Ciências Económicas e, portanto, ao Departamento de Turismo, por me terem permitido ser professor. O meu agradecimento especial à comunidade da paróquia rural de Puerto Cayo, bem como a Marcos José Gutiérrez Bravo, por terem contribuído para o seu desenvolvimento. O apoio incondicional que recebi da minha família em todos os momentos é incalculável. A eles a minha eterna gratidão

Ítalo Armando Pilay Ponce

INTRODUÇÃO

O turismo rural sustentável é um elemento fundamental no desenvolvimento turístico local, posicionando-se como uma verdadeira alternativa ao conhecido e caraterístico turismo de sol e praia. As circunstâncias que permitiram esta mudança de tendência podem dever-se a um número infinito de factores, sejam eles pessoais, ambientais, sociais, económicos ou geográficos (Gutiérrez, 2021). Além disso, o turismo rural visto como turismo sustentável tem vários objectivos, entre os quais se destacam os seguintes: Sensibilizar a população para as oportunidades do turismo rural para a economia e para o meio ambiente; trabalhar para a proteção do meio ambiente, biótico e cultural; contribuir para a melhoria do nível de vida da comunidade. De acordo com Crosby (2009), "o turismo rural tem a capacidade de oferecer um luxo, que é cada vez mais necessário e será mais procurado pelo resto da população urbana, para desfrutar do ambiente rural e natural, quando este não tiver sido perdido ou transformado" (p.15).

Para Crosby (2009), "o turismo rural cresceu no século XX como reação à crescente urbanização e atividade industrial. Poetas e artistas começaram a revalorizar a vida e as paisagens rurais" (p. 23). Thomé (2008), afirma que a atividade turística rural coexiste com múltiplas realidades que ocorrem no mesmo espaço, ou seja, que o turismo não é o centro das actividades produtivas rurais, pois pode ser um motor de desenvolvimento, um complemento ou simplesmente uma atividade pontual (p.7).

No relatório "Turismo rural no Equador", elaborado pela Dra. Raquel Santos-Lacueva, em 2020. Ela determina que, no campo do turismo rural, coexistem experiências consolidadas, como as do turismo comunitário, e propostas recentemente implementadas pelo Ministério do Turismo. Assim, como demonstra o Plano Nacional de Turismo 2030, o governo equatoriano continua empenhado em fortalecer o desenvolvimento turístico em áreas rurais, com experiências comunitárias, mas também criando novos produtos, como a revitalização de localidades por meio da implementação do programa Cidades Mágicas. Sanagustín (2018) determina que, "O turismo rural caracteriza-se pelo desenvolvimento em pequenos territórios com identidade própria que dispõem de uma ampla oferta de alojamento e actividades de lazer difusa, não concentrada e de pequena escala".

A paróquia rural de Puerto Cayo, no cantão de Jipijapa, é uma localidade que possui as características geográficas e socioculturais adequadas para o turismo rural sustentável, uma vez que é possível realizar actividades relacionadas com esta importante modalidade turística. Um dos seus principais recursos turísticos é o Bosque Protegido de Cantagallo, onde se podem realizar diferentes actividades, tais como: a observação da flora e da fauna da zona e a preparação e degustação da autêntica gastronomia "autóctone" de Montubio (Gutiérrez, 2021).

O exposto acima mostra as grandes possibilidades de um negócio de turismo alternativo na paróquia rural de Puerto Cayo, no cantão de Jipijapa, na província de Manabí. No entanto, tendo em conta as novas tendências do turismo mundial, que privilegiam as práticas de conservação do meio ambiente e o apoio social, e uma maior consciencialização da população, é fundamental que os novos projectos de negócios de turismo rural tenham uma estratégia de produto baseada num conceito claro de sustentabilidade.

A freguesia rural de Puerto Cayo, no cantão de Jipijapa, tem um potencial turístico considerável, que não é efetivamente explorado de forma sustentável. No entanto, o local tem as características e qualidades necessárias para ser promovido através do turismo rural sustentável, mas faltam propostas para o tornar possível. Por outro lado, a falta de planeamento por parte das autoridades competentes atrasa o desenvolvimento do turismo na comunidade. Por isso, é importante mencionar a importância de se ter um plano de ação para o uso sustentável dessa modalidade. Esta investigação tem como objetivo especial o resgate da identidade do povo Montubio da paróquia rural de Puerto Cayo, no cantão de Jipijapa, e a sua posterior promoção como parte de uma empresa de turismo rural sustentável.

ÍNDICE

I. REVISÃO DA LITERATURA

Esta proposta requer o estabelecimento de bases teóricas que decorrem da identificação das variáveis do tema de investigação, pelo que se apresentam de seguida os termos que a fundamentam.

1.1. Antecedentes

O turismo é composto por várias modalidades que se adaptam cada vez mais ao meio em que é implementado e que, por sua vez, têm características específicas que são apelativas para diferentes tipos de turistas, ou seja o turismo começa a diversificar-se, criando assim várias possibilidades na implementação de modalidades em destinos específicos, por isso, é necessário que as autoridades responsáveis pelo sector do turismo abram a sua mente, investiguem e explorem os vários destinos que têm e, por sua vez, criem projectos para implementar modalidades turísticas que gerem benefícios económicos, sociais e culturais, Por conseguinte, é necessário que as autoridades responsáveis pelo sector do turismo abram a sua mente, investiguem e explorem os diferentes destinos que possuem e, por sua vez, criem projectos para implementar modalidades turísticas que gerem benefícios económicos, sociais e culturais para as localidades, tendo em conta que a sinergia entre gestores e prestadores de serviços cria um ambiente de trabalho em que ambas as partes beneficiarão.

Através da revista Scielo, o pesquisador Mikery et al. (2014) afirma que a integração do turismo nas atividades produtivas rurais representa uma estratégia para melhorar as condições de vida dos habitantes, especialmente porque é A pesquisa precisa partir de uma conceituação clara dos elementos do turismo rural e do objetivo do turismo rural para orientar a análise de poder.

Em uma publicação na revista Mendive, Darias et al (2016). expressa que o turismo rural necessita da participação da comunidade para garantir sua sustentabilidade ao longo do tempo e o alcance de seus principais objetivos: satisfação do cliente e desenvolvimento local com impacto positivo para a comunidade. A educação popular, a pesquisa, a ação e a participação juntas possibilitam a participação direta da comunidade na identificação de suas necessidades, na tomada de decisões e no desenho de possíveis soluções.

Os ambientes rurais onde estas atividades se desenvolvem caracterizam-se por: baixa densidade populacional, paisagens e territórios onde prevalece a agricultura e estilos de vida tradicionais (UNWTO, 2019). A amplitude desta definição permite incluir uma vasta gama de ofertas turísticas no turismo rural. Por exemplo, pode falar-se de ecoturismo, turismo verde, agroturismo, turismo de base comunitária, turismo cultural, turismo de aventura.

Em agosto de 2018, o Ministério do Turismo do Equador assinou um "Programa de Cooperação em Matéria de Turismo com o Ministério do Turismo do México", com o objetivo de transferir processos e metodologias para a implementação do Programa de Desenvolvimento de Cidades Mágicas no Equador. Esta iniciativa visa fomentar o desenvolvimento local através da promoção do desenvolvimento turístico em localidades com recursos culturais e naturais únicos, e que reúnam determinadas condições prévias para o desenvolvimento da atividade turística.

1.2. Base teórica Turismo.

Parra Oncins (2020) afirma que: "O turismo, apesar de todas estas considerações, sob o paradigma de uma atividade sustentável, governada e ordenada, pode ser um poderoso instrumento para a criação de empresas e para a geração de emprego de qualidade".

Ledhesma (2016) considera que o turismo nasce da deslocação da pessoa, para um local diferente da sua residência, com a finalidade de lazer, recreação ou descanso. Por outro lado, o turismo engloba não só actividades históricas e ambientais, mas também actividades artísticas e educativas em que estão envolvidos os habitantes e visitantes no destino. Hoje em dia, o turismo tem dado muito que falar, pela forma como tem vindo a evoluir e pelas formas de realização das actividades. Além disso, o turismo não se centra apenas nos viajantes que se deslocam de um local para outro, seja por motivos de lazer, de visita a familiares ou de negócios. Desempenha também um papel importante no planeamento, na gestão e, portanto, no desenvolvimento dos territórios onde estes serviços são prestados e as actividades são praticadas.

Turismo alternativo

O Ministério do Turismo do México, (2004) afirma que o Turismo Alternativo é o reflexo desta mudança de tendência no mundo, representando uma nova forma de turismo, que permite ao homem um reencontro com a natureza, e um reconhecimento do valor da interação com a cultura rural, e ao mesmo tempo, uma oportunidade para o México participar no segmento com maior crescimento no mercado nos últimos anos.

Aguirre, Arroyo, & Navarro (2018) Portanto, o turismo alternativo responde às necessidades e expectativas dos turistas que buscam novas experiências, reconectando-se com a natureza e interagindo com a própria cultura da comunidade anfitriã. Mas isso não busca apenas a sustentabilidade ambiental, mas também um impacto positivo na esfera económica que leva a uma renda suficiente para todos e que, por sua vez, é equitativa, bem como o desenvolvimento e o bem-estar da comunidade local em geral.

Ibáñez & Rodríguez, 2012 É uma corrente de turismo que visa a realização de viagens onde os turistas participam de atividades recreativas em contacto com a natureza e as expressões culturais das comunidades rurais, indígenas e urbanas, respeitando o património natural, cultural e histórico do local que visitam. Este tipo de turismo é composto por actividades que no seu nome indicam a sua principal caraterística: turismo cultural, turismo rural, agroturismo, ecoturismo, turismo de aventura, turismo cinegético, entre outros. De acordo com o que foi mencionado, os turistas estão cada vez mais a adaptar-se às diferentes formas de fazer turismo, neste caso, obteriam uma experiência fenomenal de acordo com tudo o que está incluído, como conhecer mais sobre o ambiente natural, estar entretido não só com actividades de flora e fauna, mas também aproveitar e experimentar todas as actividades que são realizadas dentro do turismo alternativo.

Desenvolvimento local

Martinez (2010) afirma que "o desenvolvimento local pode ser considerado como a materialização de comportamentos solidários entre indivíduos dispostos a utilizar os seus recursos físicos e financeiros. Estas acções permitem à população satisfazer as suas necessidades e exercer um certo controlo sobre o seu futuro".

Para Vicente & Morales (2005), o desenvolvimento local é o conjunto de resultados que se manifestam na melhoria do nível e da qualidade de vida dos habitantes de uma localidade, como resultado da geração de um crescimento sustentável a vários níveis, que se interligam, vinculam, envolvem e complementam de forma estratégica, capaz de criar sinergias de melhoria local que implicam a mudança das condições sistémicas e estruturais da localidade, aprofundando-se a longo prazo na medida em que se forma e fortalece um núcleo endógeno básico. Segundo Narvaez (2014) o desenvolvimento local não se baseia apenas numa perspetiva económica, mas engloba também dimensões mais amplas, envolvendo a utilização das capacidades locais, que permitem uma melhoria substancial das condições de vida da população. Enquadrado nos conceitos de vários autores, o desenvolvimento local é definido como o resultado de um trabalho sinérgico entre os intervenientes, desenvolvimento esse que varia de acordo com o setor sobre o qual incide, mas mantendo sempre o mesmo propósito, pois como a atividade turística tem aspetos positivos e negativos, a forma como é praticada dependerá do impacto social, cultural e natural nos diferentes destinos.

1.3. Quadro concetual do turismo rural sustentável

De acordo com o Ministério do Turismo do México (2004), o turismo rural é a forma mais natural de turismo, pois mantém a identidade cultural e preserva as tradições e costumes das comunidades rurais. De acordo com Fernández (2014), o turismo rural pode ser entendido como uma prática turística em áreas rurais que favorece a economia e a qualidade de vida, através da oferta de alojamento e atividades de lazer, com a presença mediadora do habitante rural, e que introduz o visitante numa realidade viva, com toda a sua riqueza natural e cultural. A OMT (2019) afirma que o turismo rural é um tipo de atividade turística em que a experiência do visitante está relacionada com um amplo espetro de produtos geralmente ligados a atividades da natureza, agricultura, estilos de vida e culturas rurais, pesca e turismo. No final, o turismo rural sustentável continua a ser aquela alternativa essencial que se concentra no ambiente rural, onde o turista pode se conectar com o ambiente natural e se envolver em atividades autênticas no local, como aprender sobre os processos agrícolas e os modos de vida culturais que as comunidades podem ter dentro desses locais.

Oferta

Raffino (2020) afirma que a oferta é definida como os bens e serviços que as diferentes empresas ou indivíduos podem vender no mercado, a fim de satisfazer as necessidades dos seus utilizadores ou consumidores.

Oferta turística

Socatelli (2013) define a oferta turística como o conjunto de produtos e serviços associados a um determinado espaço geográfico, cujo objetivo é aproveitar os atrativos turísticos desse local, e cujos vendedores podem ser oferecidos no mercado a um determinado preço e num determinado período de tempo, para serem consumidos pelos turistas. Para Lemos (2003) "A oferta turística é a quantidade de bens e serviços que uma empresa (ou conjunto de empresas) é capaz de produzir e colocar no mercado a um determinado preço, com uma determinada qualidade, num determinado local e durante um determinado período de tempo".

Procura

De acordo com Raffino (2020), a demanda, em economia, refere-se à quantidade de bens ou serviços que a população adquire para suprir suas necessidades ou desejos. Esses bens ou serviços são muito variados, desde alimentação, meios de transporte, educação, atividades de lazer, medicamentos, entre muitas outras coisas, devido a isso considera-se que praticamente todos os seres humanos são demandantes.

Procura turística

Ponosso & Lohman (2012) determinam que, a procura turística é o número total de pessoas que participam em actividades turísticas, quantificado como o número de chegadas ou partidas de turistas, o dinheiro gasto durante a sua estadia e outros dados estatísticos. Os principais fatores que influenciam a procura turística incluem o poder económico dos turistas, a disponibilidade de tempo e outros fatores de motivação. Socatelli (2013) apresenta a demanda turística como o conjunto de consumidores e potenciais consumidores de serviços turísticos que buscam satisfazer suas necessidades de viagem. São os turistas, viajantes e visitantes, independentemente das motivações que os levam a viajar e do local que visitam ou pretendem visitar.

Plano de ação

De acordo com Merino (2009), um plano de ação é um tipo de plano que se centra nas iniciativas mais importantes para alcançar determinados objectivos e metas. Desta forma, um plano de ação é estabelecido como um guia que propõe uma estrutura para a realização de um projeto. Reyna (2020) afirma ainda que um plano de ação é uma ferramenta de administração ou gestão que, quando implementada, não só ajudará a agilizar os processos, mas também a delinear objectivos claros e a melhor forma de os alcançar. Assim, a longo prazo, esta ferramenta determina as tarefas e os recursos utilizados para a realização de um plano que conduzirá um projeto ao objetivo proposto.

II. METODOLOGIA

Para a realização do trabalho de investigação, foi utilizado o seguinte desenho metodológico, a fim de responder aos objectivos definidos.

2.1. Métodos teóricos Método descritivo-analítico

A análise situacional do turismo na localidade foi realizada através da matriz SWOT, com base numa entrevista com o diretor de turismo da administração autónoma descentralizada da paróquia rural de Puerto Cayo.

Método bibliográfico

Através deste método, foram analisadas diferentes fontes bibliográficas, incluindo o cadastro nacional de turismo, elaborado pelo Ministério do Turismo do Equador em 2020, que permitiu determinar a oferta turística da freguesia rural de Puerto Cayo. Da mesma forma, este método permitiu determinar a procura turística da freguesia rural de Puerto Cayo, uma vez que foi utilizada a investigação "Estudo da procura turística da freguesia rural de Puerto Cayo", realizada durante o primeiro trimestre de 2020.

Método dedutivo.

Este método baseou-se em premissas gerais sobre o turismo rural sustentável, a fim de identificar as actividades de turismo rural que podem ser desenvolvidas na freguesia rural de Puerto Cayo.

Método de investigação.

O método de investigação é um processo lógico através do qual se obtém conhecimento. Segundo Ana Beatriz Ochoa G., é uma espécie de bússola em que o conhecimento não se produz automaticamente, mas que nos impede de nos perdermos no aparente caos dos fenómenos, quanto mais não seja porque nos mostra como não colocar problemas e como não sucumbir ao feitiço dos nossos preconceitos favoritos. O método, independentemente do objeto ao qual é aplicado, visa resolver problemas.

Foi utilizado o método de investigação descritivo, segundo Hernández (2017), que o define como "um tipo de investigação que procura especificar propriedades, características e traços importantes de qualquer fenómeno a ser analisado". O objetivo da investigação descritiva é obter uma visão das situações, costumes e atitudes prevalecentes através da descrição precisa de actividades, objectos, processos e pessoas. O seu objetivo não se limita à recolha de dados, mas à previsão e identificação de relações entre duas ou mais variáveis.

2.2. Técnicas de investigação

As principais técnicas de investigação utilizadas neste trabalho são as seguintes:
Observação

Esta técnica facilitou a análise situacional da localidade, uma vez que foram efectuadas várias visitas que permitiram uma perceção exacta da realidade do turismo na freguesia rural de Puerto Cayo.
Entrevista

Esta técnica foi utilizada para obter informações relacionadas com a situação do turismo na freguesia, que foram fornecidas pelo diretor de turismo local. A presente investigação é descritiva e foi realizada na freguesia rural de Puerto Cayo, Cantão de Jipijapa, na Província de Manabí, na qual se utilizou um inquérito de mercado para medir o número de visitantes que virão conhecer e desfrutar do turismo rural sustentável, sejam eles estrangeiros ou nacionais, a fim de definir o público-alvo.

Inquérito

O inquérito, segundo López-Roldán & Fachelli (2021), é utilizado como um método de investigação no qual intervêm, de forma coordenada, múltiplas técnicas específicas: o desenho da amostra, a construção do questionário, a medição e a construção de índices e escalas, a entrevista, a codificação, a organização e o acompanhamento do trabalho de campo (p. 9). O inquérito foi utilizado para obter informações sobre a opinião de 30 pessoas locais, incluindo empresários e profissionais de turismo, o que permitiu comparar os resultados obtidos de diferentes formas, o que foi completado e possibilitou uma maior precisão na informação recolhida.

Amostra

A amostra, conforme indicado por Hernández & Carpio (2019), é definida como o subconjunto do universo ou uma parte representativa da população, formada por sua vez por unidades amostrais que são os elementos que são objetos de estudo, é apoiada pela amostragem como uma ferramenta de pesquisa científica cujo principal objetivo é determinar a parte da população a ser estudada (p. 76). Utilizou-se uma amostra de 30 pessoas e foram colocadas 3 questões a cada indivíduo, para obter a informação necessária ao objetivo desta investigação, o questionário foi aplicado como instrumento a empresários e profissionais de turismo (de forma personalizada e por telefone), de forma a recolher a informação necessária para responder ao problema colocado. (O nível de aceitação de uma nova abordagem do turismo rural sustentável na freguesia rural de Puerto Cayo foi medido através das perguntas efectuadas, obtendo-se um resultado positivo de 66,2 % para esta proposta.

2.3.Fontes de informação.

Documento que fornece informações para o estudo de um assunto / Local onde se origina um fluxo de mensagens / Em catalogação, qualquer item impresso que possa fornecer a informação procurada. É qualquer recurso que responda à procura de informação por parte de um utilizador, incluindo produtos e serviços de informação, pessoas ou redes de pessoas, programas informáticos, etc. (Curso ha-2077 módulo III). Segundo María Dolores Ayuso, "as fontes de informação e as bibliografias produzem informação ordenada, quer através de referências ou documentos, quer através de informação proveniente de documentos primários ou secundários, e tornam-na disponível e acessível aos utilizadores".

Fontes primárias

"Constituem o objetivo da pesquisa bibliográfica na revisão da literatura e oferecem dados em primeira mão" (Hernández, 2017). De acordo com Pedro Venegas: "Constituem os dados de que o investigador dispõe para análise e que são o produto final do seu trabalho mediante a aplicação de qualquer das seguintes técnicas normalmente utilizadas, tais como: observação, entrevista, experiência, aplicação de censos ou inquéritos, entre outras. As informações foram obtidas diretamente da fonte, com a participação de pessoas da comunidade: proprietários de fazendas, empresários do turismo, entre outros.

Fontes secundárias

Definida por Pedro Venegas como toda informação, independente de sua natureza, que o pesquisador utilizou, mas que não foi gerada pelo seu trabalho, ou seja, informações ou dados que antecedem o seu trabalho, devem ser consideradas como informações de fonte secundária, exemplos disso são: o processo de pesquisa documental, bibliográfica ou pesquisas anteriores que servem de ponto de partida, guia ou apoio para o seu atual trabalho de pesquisa.

Foi obtido um mínimo de informações processadas, tais como: internet, folhetos, documentos bibliográficos sobre turismo rural sustentável e trabalhos de tese e artigos relacionados ao tema, entre outros.

III. ANÁLISE E TABULAÇÃO DOS RESULTADOS

Objetivo 1: Análise situacional do turismo na freguesia rural de Puerto Cayo.

Através de uma entrevista com o diretor de turismo da paróquia rural de Puerto Cayo (ver Anexo 1) e de visitas constantes ao local, foram obtidas informações extremamente importantes sobre a situação atual do turismo na paróquia, que permitiram a criação desta matriz SWOT.

Quadro 1. Análise SWOT

ANÁLISE SWOT	
Pontos fortes	Oportunidades
O local possui as características e qualidades necessárias para a aplicabilidade de propostas de turismo rural sustentável. Elevado potencial para actividades de turismo rural sustentável. Localização geográfica e clima favorável. Proximidade das principais cidades económicas e, sobretudo, dos portos e aeroportos internacionais (Manta, Guayaquil).	Criação de acordos estratégicos com operadores turísticos fora da freguesia para atrair novos visitantes. Curta distância entre os recursos turísticos (favorecerá a criação de rotas, circuitos turísticos, etc.). Possível posicionamento como um dos destinos rurais mais importantes do sul de Manabí.
Pontos fracos	Ameaças
-Operação esparsa turista na paróquia. -Pouca exploração do potencial do turismo rural. -Sazonalidade da procura. -Falta de profissionalismo por parte dos gestores das actividades turísticas do território. Falta de inovação dos serviços turísticos	-Proximidade de outros destinos potenciais, tais como: Puerto Lopez (Agua Blanca), Manta (Pacoche) -Pouco conhecimento das atracções turísticas por parte dos viajantes.

Fonte: Entrevista com o diretor do Departamento de Turismo da paróquia do GAD de Puerto Cayo e trabalho de campo.

Elaborado por: Marcos José Gutiérrez Bravo

Objetivo 2: Oferta e procura turística na freguesia rural de Puerto Cayo.

3.1. Recursos turísticos da freguesia rural de Puerto Cayo.

Tabela 2. Floresta Protegida de Cantagallo.

Floresta Protegida de Cantagallo	
Categoria:	Atracções naturais
Tipo:	Floresta
Subtipo:	Floresta de transição

Photograph:

Description of the attraction: The predominant vegetation is dry and humid forest with species such as Ceibo, Fernán Sánchez, Dormilón, Acacia, Balsa, Laurel, Guachapilí, Porotillo. They are permanently visited by howler monkeys (Alouatta palliata), a species of monkey that emits a characteristic howl that can be heard from 8 kilometres away.

Fonte: PDOT 2015-2019

Elaborado por: Marcos José Gutiérrez Bravo

Tabela 3. Floresta de Olina.

Floresta de Olina	
Categoria:	Atracções naturais
Tipo:	Floresta
Subtipo:	Tropical húmido

Photograph:

Description of the attraction: It is a humid forest of garúa, with very rich fauna and flora, there is a natural water collector called "El Chorrillo" that collects along the mountain the water of the superior part, that is product of the fog that covers the superior vegetation and, that filters to the secondary collectors. This attractive forest is composed of trees, shrubs and creeping vegetation, products of planting mounds and grasslands, with trees that reach up to 25m. Variety of bromeliads and ferns.

Fonte: PDOT 2015-2019

Elaborado por: Marcos José Gutiérrez Bravo

Tabela 4. Escultura pré-hispânica em pedra de El Barro-Cantagallo.

Escultura de pedra pré-hispânica de EL Barro-Cantagallo	
Categoria:	Atração cultural
Tipo:	Arquitetura
Subtipo:	Zona arqueológica

Fotografia:

Descrição do atrativo: Apesar do abandono, da meteorização e das modificações naturais, o traçado geral da planta da estrutura não foi alterado. É constituída por pedras sobrepostas, de tamanho, peso e forma variáveis, embora de materiais variados (arenito, conglomerados calcários), dispostas longitudinalmente formando "muros" do tipo "gabiões", semelhantes aos do sítio de Agua Blanca, de estilo manchego.

Fonte: PDOT 2015-2019

Elaborado por: Marcos José Gutiérrez Bravo

Tabela 5. Cabuyeros de Manantial.

Cabuyeros de Manantial	
Categoria:	Atração cultural
Tipo:	Património popular e cultural
Subtipo:	Artesanato e artes

Fotografia:

Descrição do atrativo: No sítio de Manantiales, a planta nativa "cabuya" ainda é colhida e, após um processo de descascamento, lavagem e secagem, são formados lotes que depois são empilhados e vendidos. No entanto, hoje em dia, a transformação em cordas e tecidos desapareceu, eles apenas colhem, descascam e vendem o feixe para artesãos em Montecristi por dois dólares.
dólares por quintal. Este artesanato é utilizado como cordame e tecelagem.

Fonte: PDOT 2015-2019

Elaborado por: Marcos José Gutiérrez Bravo

Tabela 6. Praia de Puerto Cayo

Praia de Puerto Cayo	
Categoria:	Atracções naturais
Tipo:	Costas ou litorais
Subtipo:	Praia
Fotografia:	

Descrição da atração: A praia de Puerto Cayo é atualmente uma das praias mais bonitas e exclusivas do Equador, com uma extensão total de 12 quilómetros de areia branca e dunas delimitadas pelo Cabo San José, a sua localização geográfica torna-a dona de um clima agradável durante todo o ano, para não falar de ser um dos locais mais privilegiados para a observação de aves, e uma das praias mais bonitas e exclusivas do Equador. baleias entre junho e setembro.

Fonte: PDOT 2015-2019

Elaborado por: Marcos José Gutiérrez Bravo

Tabela 7. Ilhota Pedernales.

Ilhéu de Pedernales	
Categoria:	Atracções naturais
Tipo:	Terras da ilha
Subtipo:	Ilhéu

Fotografia:

Descrição da atração: Esta formação rochosa de origem vulcânica está rodeada por falésias escarpadas e um belo mar azul-turquesa devido à enorme quantidade de corais brancos no seu fundo marinho, por outro lado, a sua superfície coberta por floresta tropical seca serve de habitat a várias espécies de aves, tais como: pelicanos, uma pequena colónia de patolas e fragatas.

Fonte: PDOT 2015-2019

Elaborado por: Marcos José Gutiérrez Bravo

<h2 style="text-align:center">Tabela 8. Praia Boca de Cayo</h2>

Praia de Boca de Cayo	
Categoria:	Atracções naturais
Tipo:	Costas ou litorais
Subtipo:	Praia
Fotografia: 	
Descrição do atrativo: A praia de Puerto de La Boca de Cayo está situada na parte norte da freguesia. Tem mangais nas imediações e uma corrente agradável que torna o mar muito calmo para os banhistas.	

Fonte: PDOT 2015-2019

Elaborado por: Marcos José Gutiérrez Bravo

3.2. Fábrica de turismo na freguesia rural de Puerto Cayo.

Tabela 9. Sonhos de mar

Nome de estabelecimento	Classificação	Categoria	Quarto é	Cam como	Praças
Sonhos do mar	Hosteria	Terceiro	31	93	93
Contacto: Telefone: 080983022					

Fonte: Cadastro Nacional de Turismo 2020

Elaborado por: Marcos José Gutiérrez Bravo

Tabela 10. A Cabaña

Nome de estabelecimento	Classificação	Categoria	Quartos	Cam como	Praças
A cabana	Hosteria	Terceiro	6	6	12
Contacto: Telefone: 052616030					

Fonte: Cadastro Nacional de Turismo 2020

Elaborado por: Marcos José Gutiérrez Bravo

Tabela 11. Santuário Puerto Cayo Lodge

Nome de estabelecimento	Classificação	Categoria	Quarto é	Cam como	Praças
Santuário de Puerto Cayo Alojamento	Albergue	3 estrelas	13	37	37
Contacto: Telemóvel: 0999483709 Correio eletrónico: mdager@hotmail.com Web: www.sanctuaryecuador.com					

Fonte: Cadastro Nacional de Turismo 2020

Elaborado por: Marcos José Gutiérrez Bravo

Tabela 12. Cabalonga Eco-Aventura

Nome de estabelecimento	Classificação	Categoria	Quartos	Cam como	Praças
Cabalonga Eco Aventura	Campamento o Turista	Categoria Unica	7	11	14
Contacto: Telefone: 052387149 Telemóvel: 0995375888 Correio eletrónico: cabalongaecoadventure@gmail.com Web: www.cabalonga.com					

Fonte: Cadastro Nacional de Turismo 2020

Elaborado por: Marcos José Gutiérrez Bravo

Tabela 13. O Tanusas

Nome de estabelecimento	Classificação	Categoria	Quartos	Camas	Locais
Os Tanusas	Hosteria	Primeiro	13	13	39
Contacto: Telefone: 023962900 Email: info@lastanusas.com Web: www.lastanusas.com					

Fonte: Cadastro Nacional de Turismo 2020

Elaborado por: Marcos José Gutiérrez Bravo

Tabela 14. Luz de Luna

Nome de estabelecimento	Classificação	Categoria	Quartos	Camas	Locais
Luar	Hosteria	Segundo	33	97	120
Contacto: Telefone: 052616031					

Fonte: Cadastro Nacional de Turismo 2020

Elaborado por: Marcos José Gutiérrez Bravo

Tabela 15. Estabelecimentos de restauração na freguesia rural de Puerto Cayo.

Estabelecimento	Classificação	Tabelas	Locais	Endereço
O sabor crioulo da Pepita	Restaurante Cabaña	7	28	Rua principal junto à estação de serviço
Dianita	Restaurante Cabaña	10	40	Av. Guayas e Malecón Guayas e Malecón
Praia do Coco	Restaurante Cabaña	5	20	Av. Guayas e Malecón Guayas e Malecón
Nicolle	Casa de campo Restaurante	6	24	Av. Guayas e Malecón Guayas e Malecón
Nicolle 2	Restaurante Cabaña	4	16	Av. Guayas e Malecón Guayas e Malecón
Selo de Ouro	Restaurante Cabaña	12	48	Av. Guayas e Malecón Guayas e Malecón
El Gringo	Restaurante	20	80	Paredão junto ao posto de controlo naval
Barandhua	Restaurante	10	40	Av. Guayas e Malecón Guayas e Malecón
Dom Carlos	Bar de jantar	10	40	Malecón junto ao albergue de Zavala
Caprice	Restaurante	10	40	Av. Guayas e Malecón Guayas e Malecón
Margarita	Restaurante	7	28	Av. Guayas e Malecón Guayas e Malecón
Catarina	Restaurante	5	20	Guayas e Av. Simón Bolívar.

Fonte: Cadastro Nacional de Turismo 2020

Elaborado por: Marcos José Gutiérrez Bravo

Análise da oferta turística da freguesia: Os recursos turísticos da paróquia rural de Puerto Cayo são de grande importância para o desenvolvimento turístico local, onde se destacam o ilhéu de Pedernales, a praia de Puerto Cayo e o bosque protetor de Cantagallo, que dão esse toque distintivo ao lugar, além de contar com outros locais de interesse turístico, como o passeio marítimo recentemente construído, Da mesma forma, é importante mencionar que vários lugares da localidade, como as comunas de Cantagallo, La Boca, Olina e Manantiales, possuem as qualidades necessárias para realizar actividades turísticas ligadas ao turismo rural sustentável, um tipo de turismo que pode impulsionar a paróquia ao propor este tipo de atividade. Em suma, das florestas tropicais aos paraísos tropicais, o potencial turístico da freguesia é único e deve ser explorado de forma sustentável no turismo.

3.3. Procura turística na freguesia rural de Puerto Cayo.

Este esboço das características da procura turística na paróquia rural de Puerto Cayo foi obtido através da análise do documento "Estudo da procura turística nos cantões da província de Manabí: estudo de caso do cantão de Jipijapa - paróquia rural de Puerto Cayo", elaborado através da aplicação de inquéritos a 30 pessoas locais, entre empresários e profissionais do turismo, que se encontravam na paróquia durante o primeiro trimestre do ano de 2024.

Tabela 16. Características do perfil dos turistas que visitam Puerto Cayo.

Perfil do turista que visita Puerto Cayo		
Fonte		
Manabí	197	44%
Guayas	165	37%
Santa Helena	5	1%
Pichincha	12	3%
Cotopaxi	6	1%
Outros destinos nacionais	45	10%
Argentina	4	1%
Outros destinos internacionais	16	4%
Faixa etária		
Idade	18-50	
Género		
Masculino	50%	
Feminino	45%	
LGBT	5%	
Estado civil		

Individual	57,33%
Casado	27,11%
Outro	15,56%
Ocupação	
Comerciante	12%
Dona de casa	12%
Enfermeira	6%
Estudante	26%
Outro	44%
Motivos da viagem	
Descanso	56%
Lazer	26%
Visita a familiares/amigos	7%
Outros motivos pessoais	11%
Pessoas com quem viaja	
Apenas	9%
1-2 pessoas	13%
3-4 pessoas	18%
5+ Pessoas	60%
Duração da estadia	
Menos de 1 dia	46%
1-2 dias	33%
3-4 dias	12%
5-6 dias	9%
Factores que influenciam a visita	
Recomendações	31%
Proximidade do local de origem	20%
Disponibilidade de tempo	12%
Preços	11%
Interesse em conhecer o local	2%
Trabalho	13%
Visitar a família e os amigos	2%
Conhecimentos prévios	0%
Diversidade de actividades	7%
Publicidade de eventos	2%
Tipos de estabelecimentos de alojamento utilizados durante a estadia no local	
Hotel	9%
Albergue	14%
Pensão	1%
Casa de família	20%
Casa ou apartamento próprio	1%

Casa ou apartamento para alugar		4%
Tipos de estabelecimentos de restauração utilizados durante a estadia no local		
Cabanas		79%
Churrascos		2%
Restaurantes no alojamento		3%
Restaurantes de especialidades		17%
Despesas diárias aproximadas por serviço		
Restauração	10 a 20	34%
	30 a 40	43%
	50 a 85	23%
Alojamento	10 a 20	12%
	30 a 40	64%
	50 a 85	24%
Lembranças	10 a 20	56%
	30 a 40	14%
	50 a 85	30%
Lazer	10 a 20	74%
	30 a 40	18%
	50 a 85	8%

Fonte: Estudo da procura turística nos cantões da província de Manabí: estudo de caso Cantão de Jipijapa - freguesia rural Puerto Cayo

Elaborado por: Marcos José Gutiérrez Bravo

Análise do perfil do turista: Em relação ao local de origem dos turistas que chegam à freguesia rural de Puerto Cayo, 39% são turistas de Manabí, seguidos de 28% da província de Guayas, 10% da província de Pichincha, 3% das províncias de Santa Elena e Cotopaxi, enquanto 20% são turistas internacionais. Entretanto, a faixa etária situa-se entre os 18 e os 60 anos. Da mesma forma, o género dos mesmos é maioritariamente masculino com 50%, em comparação com 45% feminino, e em menor grau o segmento LGBT com 5%, o que mostra que o local não é muito popular entre os últimos mencionados. Continuando com o estado civil, 57,33% são solteiros, 27,11% são casados e 15,56% são divorciados ou viúvos, entre outros. Relativamente à profissão, temos os comerciantes com 12%, as donas de casa com 12%, os enfermeiros com 6% e outras profissões com 70%. As motivações de viagem apresentadas pelos viajantes são maioritariamente o descanso, com uma percentagem de 56%, seguido do lazer com 26%, visitas a familiares e amigos com 9% e outros motivos pessoais com 9%. Verifica-se também que os turistas viajam na companhia de mais de cinco pessoas com uma percentagem total de 60% e 40% viajam sozinhos. Por sua vez, o número de dias de permanência no local é estabelecido da seguinte forma: 46% das pessoas ficam menos de um dia, seguidas de 33% que ficam entre 1-2 dias, 12% entre 3-4 dias e 9% 5-6 dias. Seguindo com os factores que influenciam a visita, temos as recomendações (boca a boca) com 51% como percentagem dominante, seguida da proximidade do local de origem com 34% e em menor escala a publicidade em eventos com 15%. Identificou-se que a maioria (53%) dos turistas que chegam à região pernoitam em casa de familiares, enquanto o estabelecimento de alojamento mais utilizado são os hostels, com 47%. Ao mesmo tempo, os estabelecimentos de restauração mais procurados são as cabanas (79%) e outros estabelecimentos (21%) e, por fim, a despesa diária aproximada por serviço é determinada da seguinte forma: Nos serviços de restauração, a despesa média dominante é a de 30-40 $ com 43%, nos serviços de alojamento da mesma forma destaca-se a despesa entre 30-40 $ com 64%, nas lembranças 56% a despesa entre 10-20 $ e nos serviços de recreio, a despesa mais elevada é a de 10-20 $ com uma percentagem de 74%.

Objetivo 3: Actividades de turismo rural que podem ser desenvolvidas na freguesia de Puerto Cayo. No quadro seguinte, são propostas actividades ligadas ao turismo rural.

O projeto tem como objetivo desenvolver actividades de turismo rural sustentável que possam ser realizadas em várias comunidades da freguesia rural de Puerto Cayo, tendo em conta as suas características próprias que facilitem a realização destas actividades, permitindo assim impulsionar o turismo na freguesia de Puerto Cayo através do turismo rural sustentável como modalidade aplicável ao desenvolvimento turístico.

Quadro 17. Actividades ligadas ao turismo rural sustentável

Atividade	Sítio onde se pode para realizar a atividade	Descrição da atividade
Etnoturismo	Comunidades: La Boca de Cayo, Olina, Cantagallo e Manantial.	Atividade turística realizada com o objetivo de conhecer os costumes e as tradições de uma determinada região. cultura.
Preparação e degustação de gastronomia tradicional	Comunidades: Olina e Cantagallo	O objetivo desta atividade turística é que os turistas conheçam a preparação ancestral e provem a variedade da gastronomia local.
Agriturismo	Comunidades: La Boca de Cayo, Olina, Cantagallo e Manantial.	Através desta atividade, os turistas têm a oportunidade de conhecer as práticas de criação de gado, as culturas agrícolas e o modo de vida dos habitantes destas comunidades rurais.
Experiências místicas	Comunidades: Olina e Cantagallo	Esta atividade oferece a oportunidade de conhecer a riqueza das crenças e lendas dos comunidades.
Arqueologia ecológica	Comunidades: El Barro-Cantagallo (escultura pré-hispânica em pedra)	Baseia-se no interesse em aprender sobre a relação entre o homem e o seu ambiente a partir dos vestígios materiais.
Preparação e utilização de medicamentos tradicionais	Comunidades: La Boca de Cayo, Olina, Cantagallo e Manantial.	Esta experiência proporciona uma oportunidade de mergulhar no mundo da medicina tradicional que as comunidades rurais têm mantido durante gerações.
Workshops artesanato	Comunidade de Manantial (Cabuyeros)	Graças a esta atividade, os turistas Aprender o procedimento em
		diferentes tipos de artesanato e o respetivo processamento necessário para os materiais com que são feitos. elaborar.
Fotografia rural	Comunidades: La Boca de Cayo, Olina, Cantagallo e Manantial.	Os turistas têm a oportunidade de fotografar as belas paisagens destes locais rurais e as suas riquezas naturais. culturais.
Avistamentos de flora e fauna	Comunidades: Olina e Cantagallo (observação do macaco) uivadores)	Esta atividade permite-lhe observar o ambiente natural e as diferentes plantas e animais que vivem na zona.
Passeios equestres	Praia de Puerto Cayo e praia de La Boca	Os passeios curtos na praia são oferecidos por períodos curtos ao abrigo das respectivas medidas de prevenção.

Elaborado por: Marcos José Gutiérrez Bravo

3.4.Resultados e discussão Desenvolvimento de instrumentos.

Na técnica de inquérito e amostragem: foi utilizado um questionário como instrumento de investigação, que permitiu colocar questões à população local, incluindo empresários e profissionais de turismo. Na técnica de observação direta, a máquina fotográfica foi utilizada como instrumento principal.

Aplicação de ferramentas e processos de informação.

Na aplicação da técnica de inquérito, utilizou-se como instrumento um questionário, para o qual se recolheu uma pequena amostra da população para recolher informações que permitiram elaborar um breve inventário dos recursos naturais e culturais, tendo sido recolhida uma amostra de 30 habitantes locais, entre empresários e profissionais de turismo da freguesia rural de Puerto Cayo, o que permitiu obter informações sobre o nível de aceitação do modelo proposto para uma nova abordagem do turismo rural sustentável. Para tornar a investigação mais precisa, foram introduzidos os costumes e a cultura da ruralidade do local, onde se aplicou a técnica da observação, com o objetivo de investigar, dialogar e estar no campo de ação.

O perfil dos turistas que entram na freguesia rural de Puerto Cayo também foi estudado através da observação direta e da investigação na ITUR Jipijapa.

Interpretação dos resultados.

Para o cumprimento dos objectivos específicos, foram considerados os resultados contidos nos quadros estatísticos obtidos nos inquéritos, que são apresentados a seguir:

Questão 1

Considera que deveria ser apresentada uma proposta de turismo rural no âmbito dos preceitos do desenvolvimento sustentável que permitisse aos visitantes ter outra alternativa?

Quadro 18. Proposta de turismo rural sustentável

Resposta e total	Pessoas	Percentagem
Sim	29	96.6
Não	1	3.4
Total	30	100

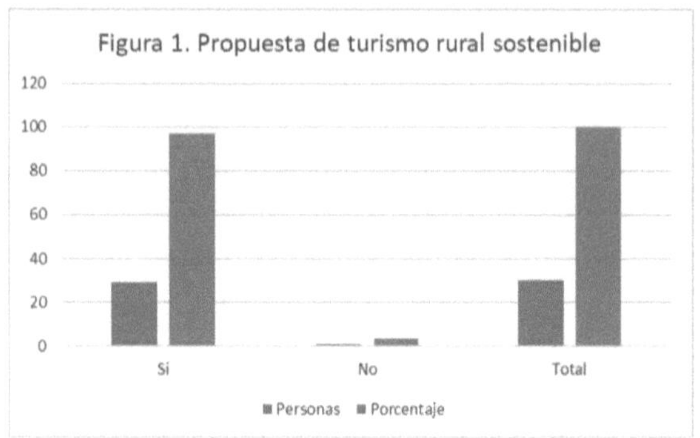

Figura 1. Proposta de turismo rural sustentável

Questão 2

Considera que se deve promover e desenvolver um turismo rural sustentável, em que os objectivos de bom serviço ao cliente e de qualidade total sejam alcançados, sem gerar alterações e impactos negativos no ambiente?

Quadro 19. Promoção e desenvolvimento do turismo rural sustentável

Resposta e total	Pessoas	Percentagem
Sim	27	90
Não	3	10
Total	30	100

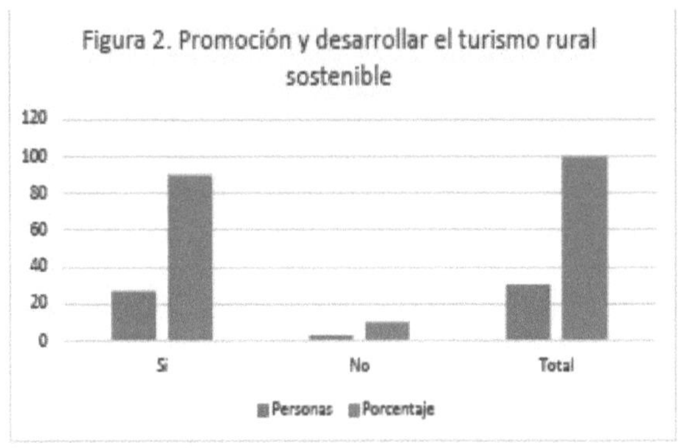

Figura 2. Promoção e desenvolvimento de um turismo rural sustentável

Pergunta 3

Os empresários dispõem dos instrumentos necessários (regulamentos, políticas, programas, etc.) para desenvolver uma atividade turística bem orientada e orientada para a satisfação do cliente, a geração de lucros e a proteção do ambiente natural?

Quadro 20. Os empresários dispõem das ferramentas necessárias

Resposta e total	Pessoas	Percentagem
Sim	27	12
Não	3	88
Total	30	100

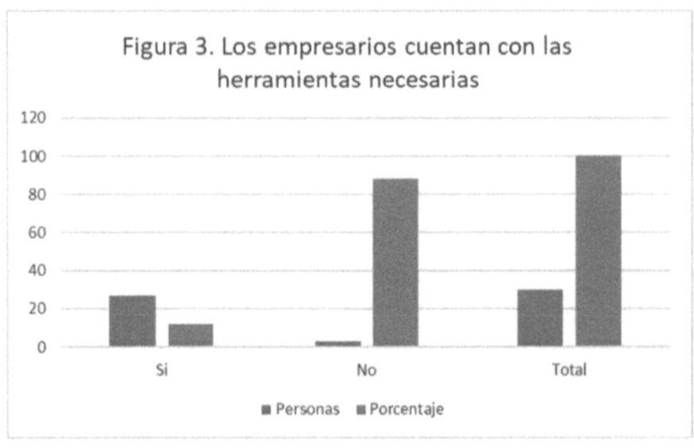

Figura 3. Os empresários têm as ferramentas de que necessitam

IV. DISCUSSÃO

Através da investigação para atingir os objectivos específicos, cujos resultados foram obtidos a partir dos quadros estatísticos que, por sua vez, provêm do inquérito realizado a empresários e profissionais do sector do turismo, conclui-se que: o nível de aceitação da proposta é de 66,2%, o que sugere que a proposta será bem sucedida para os empresários que desejem aventurar-se nesta modalidade. Por outro lado, de acordo com as estatísticas, 33,8% afirmam que não dispõem dos instrumentos necessários, tais como regulamentos, políticas, programas, etc. Este facto é preocupante e é necessário trabalhar sobre esta questão para atingir o objetivo proposto. Este facto é preocupante e há necessidade de trabalhar esta questão para atingir o objetivo proposto. O turismo como destino na freguesia rural de Puerto Cayo, no cantão de Jipijapa, encontra-se numa fase inicial, com projecções de crescimento para os próximos anos, devido ao seu grande potencial natural, cultural, religioso, artesanal e gastronómico. As estatísticas indicam o número de turistas que visitam: aproximadamente 15.000 por ano, dos quais 80% são nacionais e 20% são internacionais. Em 2009, segundo dados do Ministério do Turismo (MINTUR), 968.499 turistas chegaram ao Equador, representando 100%, dos quais 1.573% visitaram. A freguesia oferece ao turista um contraste entre o antigo e o moderno, a hospitalidade das suas gentes e diferentes microclimas com belas paisagens.

V.CONCLUSÕES

A freguesia rural de Puerto Cayo, no cantão de Jipijapa, tem atualmente um grande potencial turístico, dando à população uma oportunidade de gerar rendimentos através desta atividade, com produtos turísticos não massificados e amigos do ambiente. Isto permitir-lhes-á desenvolver-se e orientá-los-á sobre os limites da sua atividade turística. É necessário um trabalho de sensibilização sobre políticas sustentáveis, o que exigirá um grande esforço, para o qual os empresários turísticos da paróquia rural de Puerto Cayo devem fazer esforços conjuntos entre si e estabelecer alianças com aqueles que têm algum tipo de influência sobre o povo montuyano. O facto de serem sustentáveis não os torna necessariamente rentáveis. É necessário desenvolver estratégias de marketing adequadas de forma contínua, a fim de atingir e atrair o público certo no mais curto espaço de tempo possível. A paróquia rural de Puerto Cayo, no cantão de Jipijapa, como destino turístico, encontra-se numa fase inicial ou introdutória, pelo que é necessário insistir junto das seguintes entidades públicas (por exemplo, Câmara de Turismo, Ministério do Turismo) para pedir apoio na promoção a nível nacional e internacional. Esta investigação procedeu a um estudo meticuloso sobre as origens da cultura montubiana, aplicando métodos de investigação de acordo com os objectivos. O resultado desta investigação foi que a maioria das pessoas que se consideram montubenses concordam com a proposta. Determinou-se que a freguesia rural de Puerto Cayo tem um elevado potencial para a realização de actividades de turismo rural sustentável, uma vez que as suas qualidades geográficas, culturais, climáticas, económicas e sociais permitem o desenvolvimento de um grande número de actividades ligadas a esta modalidade; no entanto, a falta de planeamento por parte dos gestores das actividades turísticas na localidade tem impedido o desenvolvimento destas actividades. Por outro lado, foi identificada a oferta turística da localidade, onde predominam os recursos turísticos naturais, entre os quais se destacam e são conhecidos a praia de Puerto Cayo, o ilhéu de Pedernales e o bosque protetor de Cantagallo, bem como a grande variedade de estabelecimentos de alojamento e restauração. Para além de distinguir o perfil dos turistas que visitam a freguesia, onde a maioria se estabelece como turistas nacionais, provenientes da província de Guayas, de localidades vizinhas da província de Manabí e turistas internacionais. Por fim, verificou-se que o património natural e cultural de várias localidades da freguesia permite uma série de actividades ligadas ao turismo rural sustentável, mas que, devido à falta de promoção, planeamento e gestão na implementação destas actividades, o aproveitamento e desenvolvimento do turismo rural sustentável nos locais abordados na investigação tem sido retardado.

VI. PROPOSTA

4.1. Título da proposta

Propor um plano de ação para o desenvolvimento do turismo rural sustentável na freguesia rural de Puerto Cayo.

4.2. Resumo da proposta

A freguesia rural de Puerto Cayo dispõe de locais de interesse turístico para a realização de actividades que permitam a promoção da localidade através do turismo rural sustentável. Por este motivo, o presente plano de ação procura promover a implementação desta modalidade. Da mesma forma, são propostos produtos turísticos localizados nas diferentes comunidades rurais da freguesia.

9.1. Missão

Promover a prática do turismo rural sustentável na freguesia rural de Puerto Cayo.

9.2. Visão

No ano 2027, o turismo rural sustentável será uma das principais modalidades turísticas que impulsionarão o desenvolvimento local da freguesia rural de Puerto Cayo.

9.3. Objetivo geral

Estruturar o plano de ação com estratégias destinadas a promover o desenvolvimento turístico da freguesia de Puerto Cayo através do turismo rural sustentável.

9.4. Objectivos específicos

• Estabelecer as fases para a elaboração do plano de ação para a utilização sustentável do turismo rural na freguesia rural de Puerto Cayo.

• Conceber um plano de ação para a utilização sustentável do turismo rural sustentável na freguesia rural de Puerto Cayo.

• Criar um produto de turismo rural sustentável para a freguesia rural

Puerto Cayo.

9.5. Âmbito da proposta

Através da elaboração deste plano de ação, pretende-se reforçar a prática do turismo rural sustentável na paróquia rural de Puerto Cayo, bem como a iniciativa de que este estudo seja utilizado pelos gestores das actividades turísticas do território para o planeamento futuro.

9.6. Metodologia do trabalho

Objetivo específico 1 Estabelecer um plano de ação para a utilização sustentável do turismo rural sustentável na freguesia rural de Puerto Cayo.

Figura 4. Esboço da elaboração do plano de ação

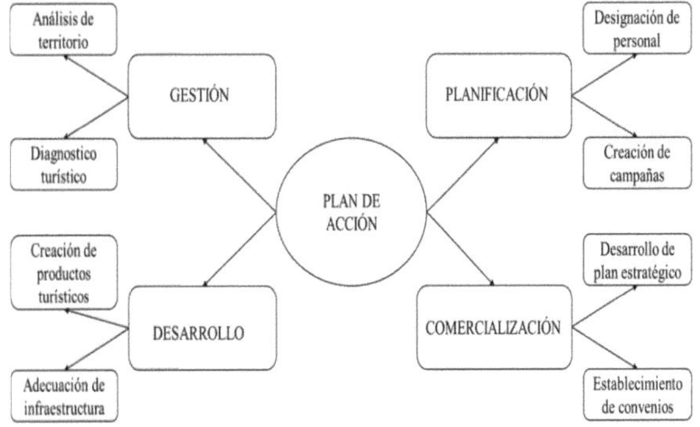

Elaborado por: Marcos José Gutiérrez Bravo.

Através deste esquema, foi possível determinar as fases que irão estruturar o plano de ação. O esquema é composto pelas fases de gestão, planeamento, desenvolvimento e marketing.

Fase 1: Gestão

Através da fase de gestão, é efectuada uma análise do território para determinar os locais de interesse turístico e os recursos disponíveis na localidade, e é realizado um diagnóstico turístico para determinar as características necessárias à implementação da modalidade turística.

Fase 2: Planeamento

A segunda fase é o planeamento, em que é nomeado o pessoal para gerir e realizar a atividade turística, seguido da criação de campanhas de formação para as diferentes comunidades que estarão envolvidas na atividade turística.

Fase 3: Desenvolvimento

A terceira fase é o desenvolvimento, onde serão concebidos produtos turísticos, mantendo o conceito de inovação e qualidade de serviço, bem como a adaptação das infra-estruturas, através de avaliações constantes nos diferentes equipamentos das localidades envolvidas.

Fase 4: Comercialização

Nesta fase, serão implementadas estratégias que ajudarão a comercializar os produtos previamente desenvolvidos, promovendo assim o destino e as diferentes comunidades que prestam serviços turísticos, bem como acordos com instituições envolvidas no sector do turismo.

Objetivo específico 2 Conceber um plano de ação para a utilização sustentável do turismo rural sustentável na freguesia de Puerto Cayo.

Tabela 21. Plano de ação para o desenvolvimento do turismo rural sustentável na freguesia rural de Puerto Cayo.

DIMENSÃO	EIXOS	ACÇÃO	EXECUTOR	PERIODICIDADE
GESTÃO	INVESTIGAÇÃO	Efetuar um diagnóstico do potencial turístico do cantão.	DGA freguesia de Puerto Cayo.	1 vez no prazo de 6 meses.
	INVESTIGAÇÃO	Criar um registo dos locais mais visitados e outras informações de interesse. para o turista.	DGA freguesia de Puerto Cayo.	Mensal
	GESTÃO ESTRATÉGICA	Implementar uma plataforma digital onde toda a informação turística do local seja compilada de forma a estar completamente disponível e acessível para os habitantes, turistas, sector privado e público. público em geral.	DGA freguesia de Puerto Cayo.	1 vez.
PLANEAMENTO	GESTÃO ESTRATÉGICA	Nomear pessoal de ação e de gestão estratégica especializado em marketing, eventos, desenvolvimento económico para reforçar os procedimentos competentes da Direção de Turismo da Junta de Freguesia do GAD de Puerto Cayo.	DGA freguesia de Puerto Cayo.	1 vez.

	INVESTIGA ÇÃO	Criar campanhas de educação ambiental para sensibilizar a sociedade e atenuar os impactos negativos que o turismo gera no ambiente. natural.	MINTUR/ GA Paróquia D de Puerto Cayo.	De 3 em 3 meses.
	SENSIBILIZ AÇÃO DO SECTOR DO TURISMO	Realizar programas de formação em turismo para os habitantes das comunidades rurais de Puerto Cayo.	Ministério do Turismo/G A D Paróquia de Puerto Cayo/UNE SU M	De 3 em 3 meses.
	DESENVOL VIMENTO SUSTENTÁ VEL DO TURISMO	Implementação de um programa de sensibilização dos prestadores de serviços turísticos para a criação de produtos relacionados com o turismo. turismo rural.	Ministério do Turismo/G A D paróquia de Puerto Cayo.	Durante 2 anos.
	PRODUTO TURÍSTICO E EXPERIÊNC IA	Conceber reuniões de trabalho com os grupos locais e os organismos competentes das partes interessadas, a fim de prestar aconselhamento para a conceção de produtos de turismo rural em que o potencial turístico esteja plenamente integrado no meio rural. que a freguesia possui.	DGA Paróquia de Puerto Cayo, comunidad e anfitriã, sector privado, consultores	Durante 6 meses.
DESENVOL VIMENTO	NORMAS DE SERVIÇO E DE QUALIDAD E	Desenvolver campanhas de formação para os trabalhadores do sector do turismo, a fim de aumentar as suas competências e melhorar o nível de serviço ao cliente.	Ministério do Turismo.	De 2 em 2 meses.

		cliente.		
	DESENVOLVIMENTO SUSTENTÁVEL.	Trabalhar com as comunidades rurais locais e agências para promover as práticas tradicionais do património e costumes.	DGA freguesia de Puerto Cayo, Ministério do Turismo	Durante 2 anos.
	INFRA-ESTRUTURA	Organização e embelezamento do espaços públicos.	DGA freguesia de Puerto Cayo.	1 ano.
		Melhoria das infra-estruturas rurais existentes e sua modernização para a prestação de serviços. turismo.	DGA freguesia de Puerto Cayo.	1 ano.
		Sinalização e identificação das zonas rurais e dos sítios destinados a uma utilização rural. turismo.	DGA freguesia de Puerto Cayo.	1 ano.
	NORMAS DE SERVIÇO E DE QUALIDADE.	Efetuar avaliações e revisões constantes dos empregados do turismo, a fim de manter o nível ótimo da qualidade do serviço.	DGA Paróquia de Puerto Cayo e Ministério do Turismo.	Mensal.
	NORMAS DE SERVIÇO E DE QUALIDADE.	Inquérito aos turistas e visitantes para conhecer o seu nível de satisfação e a qualidade do serviço prestado durante a sua estadia no freguesia.	DGA freguesia de Puerto Cayo.	Mensal.

	DESENVOL VIMENTO SUSTENTÁ VEL.	Formar a comunidade em geral, as empresas locais e os prestadores de serviços turísticos sobre a criação de modelos de negócios turísticos. sustentável.	Ministério do Turismo, GAD freguesia de Puerto Cayo.	De 3 em 3 meses.
MARKETIN G.	MARKETIN G ESTRATÉGI CO.	Desenvolver um plano estratégico de marketing turístico.	DGA freguesia de Puerto Cayo.	3 meses.
	MARKETIN G ESTRATÉGI CO.	Estabelecer acordos com localidades vizinhas, como Puerto López, Manta, Portoviejo e Jipijapa, para desenvolver conjuntamente uma rota de turismo rural e aproveitar eficazmente o potencial turístico da região. contar.	GAD'S dos cantões de Puerto López, Jipijapa, Manta e Portoviejo,	Apenas uma vez por ano.
	SERVIÇOS DE INFORMAÇ ÃO PARA VISITANTE S	Divulgar o destino e as respectivas propriedades rurais.	DGA freguesia de Puerto Cayo.	Durante 2 anos.
	IMAGEM DE MARCA.	Criar uma marca e identidade para a freguesia ligada ao turismo rural, de modo a que esta se distinga e seja reconhecida. a nível nacional.	GAD freguesia de Puerto Cayo.	Apenas uma vez.
	EVENTOS.	Organizar, através do departamento de turismo do GAD, feiras e festivais para mostrar a identidade e o potencial do turismo rural. do destino.	GAD freguesia de Puerto Cayo.	Semestralment e.

Elaborado por: Marcos José Gutiérrez Bravo.

Objetivo específico 3 Criar um produto de turismo rural para a freguesia de Puerto Cayo.

Este produto turístico apresenta-se como uma opção para o aproveitamento sustentável das comunidades rurais da freguesia, sendo de salientar que se baseia nas actividades propostas no objetivo específico número três desta investigação.

Figura 5. Produto turístico

Elaborado por: Marcos José Gutiérrez Bravo.

Figura 6. Produto turístico Rota das Florestas

Elaborado por: Marcos José Gutiérrez Bravo.

Figura 7. Descrição do produto (Rota das Florestas)

Elaborado por: Marcos José Gutiérrez Bravo.

Figura 8. Produto turístico Rota das Melancias-Cabuya

Elaborado por: Marcos José Gutiérrez Bravo.

Figura 9. Descrição do produto (rota Melancia-Cabuya)

Elaborado por: Marcos José Gutiérrez Bravo.

VII. BIBLIOGRAFIA

Acerenza, M. (2003). Destination marketing management in today's competitive environment. Inputs and Transfers, 43-56.

Alvarez Alvarado, R. (2022). El turismo rural y el desarrollo local sostenible desde la percepción de los pobladores de la parroquia Ingapirca. Revista Publishing,9(33), 67-86. https://doi.org/10.51528/rp.vol9.id2278 Availableen:

https://revistapublicando.org/revista/index.php/crv/article/view/2278/25 03

Banco Mundial, World Economic Outlook, junho de 2020, Washington D. C: Banco Mundial.

Blain, C., Levy, S.E. e Brent Ritchie, J.R. (2005), "Destination Branding: Insights and Practices from Destination Management Organizations", Journal of Travel Research, vol.43, 328-338.

Boullón, R. C. (1985). Planificación del espacio turístico. México D.F.: Trillas.

Butler, R. (1980). O conceito de ciclo de evolução de uma zona turística: Implications for management of resources. Toronto: Canadian Geographer.

Cooper, C. (2001). Turismo: princípios e práticas. São Paulo: Bookman.

Crosby, A. (2009). Re-inventar o turismo rural: Management and development. Re-inventing rural tourism, 1-227.

Darias Fuertes, M., Ramírez Pérez, J., & Pérez Hernández, M. (2016). O desenvolvimento do turismo rural a partir da conceção de Educação. Popular. Mendive. Revista de Educação, 14(4), 308-313. Recuperado de https://mendive.upr.edu.cu/index.php/MendiveUPR/article/view/868

De La Rosa, B. (2003). La imagen turística de las regiones insulares: Las islas como paraísos. Cuadernos de turismo, 127-137.

Eby, D., L. Molnar, e L. Cai (1999), "Content Preferences for In-Vehicle Tourist Information System: An Emerging Information Source", Journal of Hospitality and Leisure Marketing 6(3), 41-58.

El Comercio (22 de maio de 2020) O sector do turismo do Equador perderá até 400 milhões de dólares por mês com a pandemia. Recuperado de: https://www.elcomercio.com/tendencias/perdidas-sector-turistico-ecuadorcoronavirus.html

Erdem, T., Swait J. (1998), "Brand Equity as a Signaling Phenomenon", Journal of Consumer Psychology, Vol. 7, No. 2, 131-158, 243-254.

Fernández, J. (2015). Impulso económico através do turismo na África Subsariana. Estudos sobre Ásia e África, 78-115.

Frutos, Lopez-Roig, Serra Cobo e Devaux (12 de maio de 2020) COVID-19: The Conjunction of Events Leading to the Coronavirus Pandemic and Lessons to Learn for Future Threats. Frontiers in Medicine, 223. https://doi.org/10.3389/fmed.2020.00223

Gutiérrez, M. (2021) El Turismo Rural como Impulso Turístico de la Parroquia Puerto Cayo, Cantón Jipijapa, Provincia de Manabí. UNESUM. Faculdade de Ciências Económicas.

Hernández, S. (2017). Metodología de la investigación. Sexta edição, México: Editorial McGraw-Hill. Disponível em: https://www.uca.ac.cr/wp-content/uploads/2017/10/Investigacion.pdf

Hernández Ávila CE, Carpio N. Introdução aos tipos de amostragem. Revista ALERTA. 2019; 2(1): 75-79. DOI: https://doi.org/10.5377/alerta.v2i1.7535. Disponível em: https://alerta.salud.gob.sv/wp-content/uploads/2019/04/Revista-ALERTA-Year-2019-Vol.-2-N-1-vf-75-79.pdf.

Ivars, Joseph A., 2003: Planificação do Turismo, Espanha: Síntesis.

Kotler, P. (1995). Marketing: Edição latino-americana. México: Pearson Educational.

López - Roldán, P., & Sandra, F. (2021). O Inquérito. Edição eletrónica. Texto completo em https://mdx.cat/handle/10503/105303

Mapelli, Giovanna 2008 Las marcas de metadiscurso interpersonal de la sección turismo de los sitios web de los ayuntamientos. Em Calvi, MariaVittoria, Mapelli, Giovanna e Santos López, Javier (Eds.), Lingue, culture, economia: comunicazione e pratiche discorsive, Milano, FrancoAngeli, 173-190.

Mikery Gutiérrez, Mildred Joselyn, & Pérez-Vázquez, Arturo (2014). Métodos para a análise do potencial turístico do território rural. Revista Mexicana de ciências agrícolas, 5(spe9),17291740. https://doi.org/10.29312/remexca.v0i9.1060

Monferrer, D. (2013). Fundamentos do marketing. Espanha: UNE. Ojeda, M. A. (2013). O envolvimento do utilizador na produção de publicidade. Uma reflexão sobre a publicidade espontânea gerada pelos utilizadores/consumidores. Revista ICONO, 14(1), 303-317. Doi: 10.7195/ri14.v11i1.204

UNWTO, "Figures from tourists International Tourist Figures" Ver Disponível em https://www.unwto.org/es/news/covid-19-las-cifras-de- international-tourists-could-fall-60-80-in-2020.

Ruiz, R. (2017). Reativação participativa do espaço público. Culturas, Revista de gestión cultural, 93-116.

Santesmases, M. (2012). Marketing: Concepts y Estrategias. Madrid: Pirámide.

Tajada, S. D. (1974). Os fundamentos do marketing e alguns tipos de investigação comercial. Madrid: ESIC.

Thomé, H. (2008). Turismo rural y campesinado, una aproximación social desde la ecología, la cultura y la economía, México. Convergencia, Revista de

Ciencias Sociales.

Valverde Sánchez, R. Y. (2017). Plano de Promoção Turística para o Incremento da Afluência de Turistas no Refúgio de Vida Silvestre Laquipampa - Incahuasi. janeiro - setembro de 2016.

William Perreault, J. M. (1996). Marketing. México: D.F.: Irwin.

Organização Mundial do Turismo (20 de janeiro de 2020) O crescimento do turismo internacional continua a ultrapassar a economia mundial. Obtido de: https://www.unwto.org/international-tourismgrowth-continues-to- outpace-the-economy

Organização Mundial do Turismo (1 de abril de 2020) Apelo à Ação para a Mitigação e Recuperação da COVID-19 no Turismo. Recuperado de: https://webunwto.s3.eu-west1.amazonaws.com/s3fs-public/2020- 05/COVID-19-Tourism-Recovery-TAPackage_8%20May-2020.pdf

Organização Mundial do Turismo (maio de 2020) Barómetro Mundial do Turismo da OMT, maio de 2020. Foco especial no impacto da COVID-19. Retrieved from: https://webunwto.s3.eu-west1.amazonaws.com/s3fs-public/2020-05/Barometer%20-%20May%20202020%20- %20Short.pdf

Internet

O turismo rural como exemplo de turismo sustentável. Acedido em 16 de fevereiro de 2023. Disponível em https://www.ceupe.com/blog/turismo-rural-turismo- sostenible.html

Turismo Sustentável e Turismo Rural. Acedido em 17 de fevereiro de 2023. Disponível em https://www.ceupe.com/blog/turismo-sostenible-y-turismo-rural.html

O empreendedorismo como fator de desenvolvimento sustentável do turismo rural. Consultado em 18 de fevereiro de 2023. Disponívelen http://scielo.sld.cu/scielo.php?script=sci_arttext&pid=s2306-91552016000100006

Sustainable Rural Tourism as a Development Opportunity for Small Communities in Developing Countries (Turismo Rural Sustentável como Oportunidade de Desenvolvimento para Pequenas Comunidades em Países em Desenvolvimento). Acedido em 19 de fevereiro de 2023. Disponível em https://www.uv.mx/blogs/uvi/2009/01/15/el-turismo-rural- sustainable-rural-tourism-as-a-development-opportunity-for-small-communities-in-developing-countries/

yes

I want morebooks!

Buy your books fast and straightforward online - at one of world's fastest growing online book stores! Environmentally sound due to Print-on-Demand technologies.

Buy your books online at
www.morebooks.shop

Compre os seus livros mais rápido e diretamente na internet, em uma das livrarias on-line com o maior crescimento no mundo! Produção que protege o meio ambiente através das tecnologias de impressão sob demanda.

Compre os seus livros on-line em
www.morebooks.shop

info@omniscriptum.com
www.omniscriptum.com